世界で一番キケンな生きもの

監修／千石正一（財団法人 自然環境研究センター）
構成・文／ネイチャー・プロ編集室

幻冬舎

世界で一番
幻冬舎
キケンな
生きもの

鋭く尖った牙、強烈な毒性、暴力的なほどの巨体、それに残酷で凶暴な気性……。あるものは捕食者として完璧な体に、あるものは体内で毒を生成できる体に、あるものは巨大な獲物を呑み込むことができる体に進化した。地球上にくらすキケンな生きものたち。その生活からは、彼らの真剣な生き様が見えてくる。

contents

牙・爪 Fangs & Claws

毒 Poison

巨大

Huge

column

Fangs & Claws

牙・爪

鋭い牙やかぎ爪は、
捕食者にとっては生きるための大切な道具。
狩られるものにとってみれば、
命を奪う凶器となる

ホオジロザメの歯。ほぼ実寸。ふちが鋸《のこぎり》のようにぎざぎざしている

このサメ、凶暴につき

ホオジロザメ

襲われた場合の致死度 ★★★

Great white shark
Carcharodon carcharias

サメは、危険性の高い生きものとして名高い。獰猛《どうもう》、邪悪、残酷などのイメージだろうか。サメという響き自体がすでに恐ろしい。

なかでもホオジロザメは、プレデター（捕食者）として格別に進化した危険なサメだ。わずかな血の匂いも感知可能で、広い海洋から獲物を探し出す。鋭い歯は7センチメートルもある完璧な三角形で、激しい攻撃で欠けてしまっても、予備の歯がすぐ後ろに控えている。その総数は300本以上。歯は**何度でも生え変わり、武器の在庫が尽きることはない**のだ。

体長4メートルを超えるどっしりとした紡錘形《ぼうすいけい》の体軀《たいく》は、1トンを下らぬ超重量級。その上、瞬間的には**時速23キロメートルの速さに達する**ことが可能だ。気性の荒さも加わり、最恐のサメとして君臨している。

ホオジロザメは凶暴さで世界一有名なサメだが、実際はそれ以上に危険だといわれるサメがいる。オオメジロザメだ。彼らは**より小型で海岸近くまで接近可能、しかも淡水域にも入り込む**ことがある。気性が荒く人を襲った記録も極めて多い。この種は、日本でも沖縄周辺で生息が確認されている。

世界中で、サメによるサーファーや海水浴客の死傷事故が発生しているが、彼らはなぜ人間を襲うのか。ホオジロザメは、アシカやアザラシを好んで食べる。サーフボードに乗り、手足で水をかく人間は、このサメの好物に似ている。ホオジロザメは、その形、動きから、**人間を獲物と間違えて襲う**のではないだろうか。

口を大きく開け、鋭い歯を見せつける。予備の歯が後ろに並ぶ

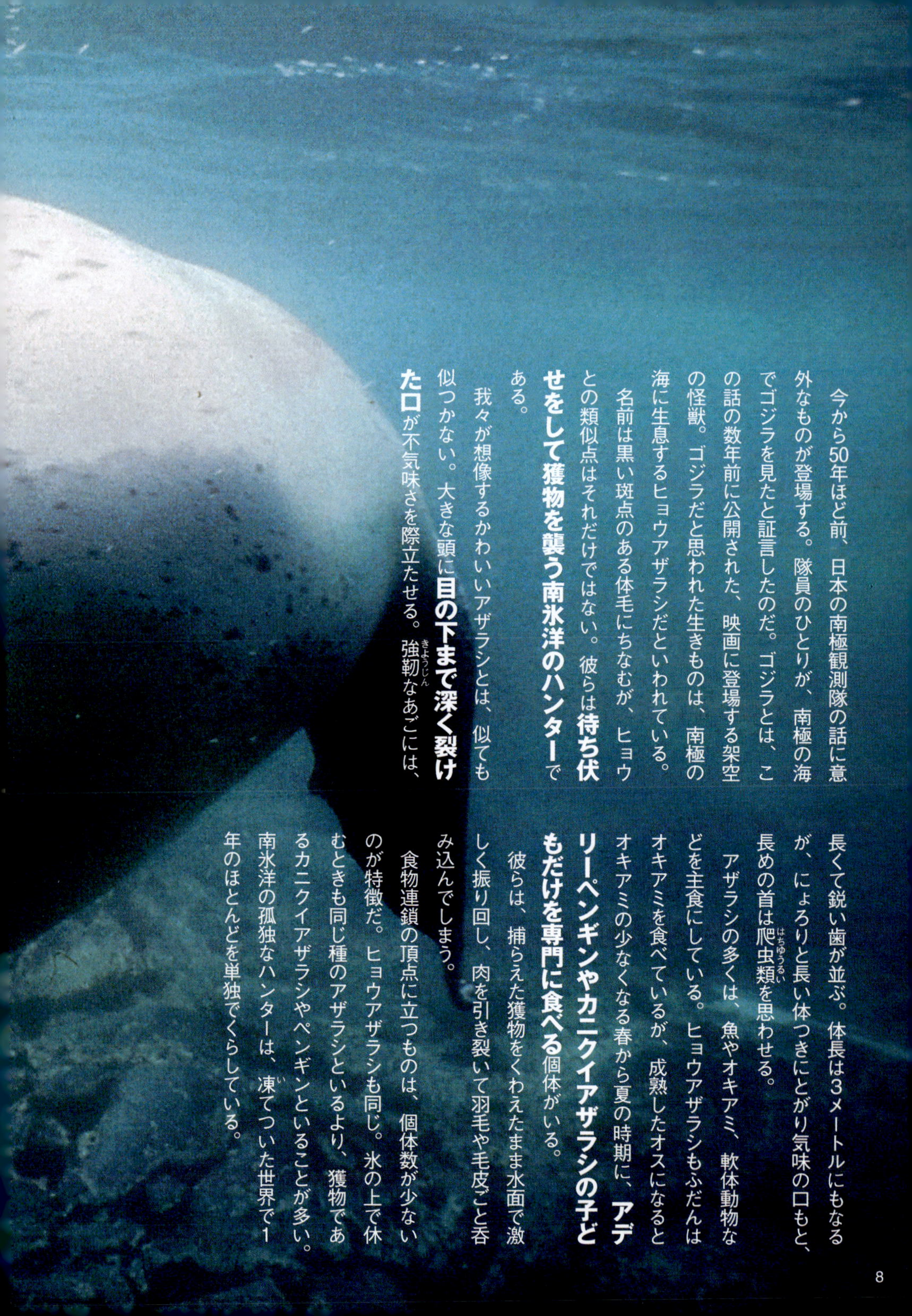

今から50年ほど前、日本の南極観測隊の話に意外なものが登場する。隊員のひとりが、南極の海でゴジラを見たと証言したのだ。ゴジラとは、この話の数年前に公開された、映画に登場する架空の怪獣。ゴジラだと思われた生きものは、南極の海に生息するヒョウアザラシだといわれている。

名前は黒い斑点のある体毛にちなむが、ヒョウとの類似点はそれだけではない。彼らは**待ち伏せをして獲物を襲う南氷洋のハンター**である。

我々が想像するかわいいアザラシとは、似ても似つかない。大きな頭に**目の下まで深く裂けた口**が不気味さを際立たせる。強靭《きょうじん》なあごには、長くて鋭い歯が並ぶ。体長は3メートルにもなるが、にょろりと長い体つきにとがり気味の口もと、長めの首は爬虫類《はちゅうるい》を思わせる。

アザラシの多くは、魚やオキアミ、軟体動物などを主食にしている。ヒョウアザラシもふだんはオキアミを食べているが、成熟したオスになるとオキアミの少なくなる春から夏の時期に、**アデリーペンギンやカニクイアザラシの子どもだけを専門に食べる**個体がいる。

彼らは、捕らえた獲物をくわえたまま水面で激しく振り回し、肉を引き裂いて羽毛や毛皮ごと呑み込んでしまう。

食物連鎖の頂点に立つものは、個体数が少ないのが特徴だ。ヒョウアザラシも同じ。氷の上で休むときも同じ種のアザラシといるより、獲物であるカニクイアザラシやペンギンといることが多い。南氷洋の孤独なハンターは、凍《い》てついた世界で1年のほとんどを単独でくらしている。

ヒョウアザラシ

イメージをくつがえす凶暴さ ★★★

Leopard seal
Hydrurga leptonyx

南極のゴジラ

アザラシのなかまで唯一、食物連
鎖の頂点に君臨するプレデター
（捕食者）だ

▲濁った水に身を隠し、オグロヌーに襲いかかった　▼仔ワニを口に入れて水辺まで運ぶ

ナイルワニ

Nile crocodile
Crocodylus niloticus

生息地でのキケン度 ★★★

凶暴と繊細のあいだ

アフリカの川や湖にくらすナイルワニは、体長が5メートルを超す最大級の爬虫類だ。動物の**骨をもかみ砕く強力なあご**をもつこのワニは、体重が200キログラムを超えるオグロヌーのような大型動物にも襲いかかる凶暴な捕食者だ。身体能力は高く、強靭な尾の力で垂直方向にジャンプすることさえできる。

ワニは、**待ち伏せをしたり、気づかれずにゆっくりと獲物に接近したりする戦法**をとる。頭部の高い位置についた目と鼻だけを残して、ほぼ完璧にその巨体は水中に隠れてしまう。

そうとは知らず水を飲みに来た動物が、突然ものすごい力で水中に引きずり込まれワニの餌食《えじき》になる。大きい獲物の場合、ワニはかみついたまま水中で全身を回転させて肉をねじ切って食べる。

凶暴な印象しかないワニだが、驚くほど繊細な一面もある。仔《こ》ワニが**卵から出てくるのを、巨大な口で器用に助ける**のだ。その上、鋭い歯が立ち並ぶ口で、慎重に仔ワニをくわえて安全な場所まで運ぶ。この行動は、ほとんどの種が卵を産みっぱなしにする爬虫類にとっては異例だ。

また、仔ワニが何ものかにいじめられ、クルルックルルッと高い声でなくと、おとなのワニがぞろぞろと集まってきて、最終的に体の一番大きい個体が敵に襲いかかる。哺乳類では、ほかのオスの子どもを殺すものもいるが、ワニには他人の子どもも助ける社会性の発達した意外な一面がある。

ワニは2億年前には存在し、地球規模の気候変動や地殻変動など数々の困難をくぐり抜けてきた。しかし今は、**生息域の消失が彼らの未来を脅《おびや》かしている**のだ。

ライオン

捕食者としての完成度 ★★★

Lion
Panthera leo

1898年、アフリカのケニア～ウガンダ間の鉄道建設地が惨劇に襲われた。ツァボ川に架ける鉄橋工事現場で働く**労働者が、2頭の若いライオンに次々と喰い殺される**事件が起こったのだ。屈強な男たちですらなすべもなくライオンの餌食となった。これは、実際に起きた事件である。

2009年、アメリカの研究グループが、このライオンたちの剥製《はくせい》を再調査した。1頭はあごに病気を抱えており、食べた人間の数は2頭合わせて35人と発表した。

ライオンは人を襲って食べることもあるが、傷ついたり年老いたものが、**本来の獲物を狩ることができなくなって、人喰いライオンになる**パターンが多い。

ライオンは、ほかのネコ科の動物と同じく、完璧なプレデター（捕食者）として進化してきた。

頑丈なあごには鋭い歯、ナイフのようなかぎ爪が収納された強い脚、そしてしなやかで筋肉質な体。まさに**どこをとっても優秀なハンター**である。

プレデターな体

プライドと呼ばれる群れで生活し、狩りは夜間に群れで行うことが多い。獲物のそばまで可能な限り忍び寄り、一気に加速して襲いかかる。かぎ爪で獲物をがっちりと押さえ込んだら、のどか鼻面にかみついて窒息死させる。その動きは激しく、美しい。

この崇高なハンターの敵となる生きものは、武器を携行した人類以外には存在しない。大型のネコ科動物は**今では絶滅が心配され、どれも保護の対象**だ。50年前は約45万頭いたライオンも、今ではわずか2万頭まで減ってしまった。

恐ろしい武器になる牙だが、子どもを運ぶときはそっと優しくくわえている

フィリピンワシ

Philippine eagle
Pithecophaga jefferyi

人間が襲われる不安度 ★★★

猛禽類《もうきん》は、ほかの動物を襲って食べる捕食者だ。肉を切り裂く鉤形《かぎ》に曲がった鋭いくちばしと、獲物をつかんではなさない強力なかぎ爪をもつ。

フィリピンワシは、その猛禽類のなかでも世界最大最強という声が高い。翼を広げると実に2メートルもの巨大さで、風格や威厳がある。体重もあり、急降下して**6キログラムのたくましい体躯を獲物の体にぶち当てる**こともあるという。当てられた方はものすごい衝撃とともに、数メートル飛ばされるだろう。

フィリピンワシの**黒光りしたくちばしは、猛禽類中最大**だ。上下に厚く左右にとても薄いのが特徴で、より獲物の体に深く差し込むことができる。主食はサル。かつてはサルクイワシと呼ばれていた。ときにはニワトリや仔犬、ブタなども襲う。

このワシは厳格な一夫一婦制であり、どちらかが死ぬまで何年でも一緒に過ごす**夫婦の絆《きずな》が強い鳥**とされている。

彼らのすむ密林は伐採が繰り返され、急速に減少している。世界最大最強の猛禽も、人間の欲望から身を守るすべをもたず、現在地球上で**最も絶滅に近い猛禽**といわれている。

ザ・猛禽

興奮すると雌雄とも頭の冠《かん》羽《う》を逆立てる。眼光鋭く威風堂々とした勇姿

Panic Movie

スクリーンの中のキケンな生きもの

猛獣や怪獣が大暴れして人間を襲う実写の「パニック映画」がかつて盛んにつくられた。最初にヒットしたのは『キング・コング』（1933）だろう。

コングは、見世物にするため南洋の島からニューヨークへ連れてこられた巨大なゴリラという設定。凶暴な怪獣として描かれ、容赦なく人間をかみ殺す。コンピュータグラフィックスの技術はまだないから、特殊撮影を駆使した映画だ。ミニチュアを使ったり、画面の合成をしたりしていた時代。今ではお粗末に見えるが、当時は画期的だっただろう。そんな生物が本当にいるのかと、本気で問い合わせた大人が多くいたという。動物の知識が今ほど浸透していなかったし、世界には知らないことがまだまだたくさんあったのだ。

その40年後にスティーヴン・スピルバーグ監督による『ジョーズ』（1975）が、世界中で大ヒットする。平和なビーチに現れた人喰いザメが次々と人を襲い、ロイ・シャイダー扮する警察署長らがこの凶暴なサメを退治する。巨大なサメが突然人間に襲いかかり、下半身にかみつくシーンはとても恐ろしかった。

テーマ曲がまた秀逸。メインは単純な音の繰り返しで、ジョーズが近づくにつれ、音がだんだん大きく、リズムがどんどん速くなる。来るぞ、来るぞーと緊張感をあおられる。今でもテレビなどの緊張感高まる場面で使われる。後に『スター・ウォーズ』シリーズや『ハリー・ポッター』シリーズなど数々の映画音楽を生み出すジョン・ウィリアムズ作曲のこの曲は、アカデミー賞で作曲賞を受賞した。

この大ヒットをきっかけに、パニック映画の全盛期が訪れる。巨大なヒグマが人々を襲う『グリズリー』

（1976）、猛毒の殺人蜂『キラー・ビー』（1977）、人間に連れ合いを殺されたオスのシャチの復讐劇『オルカ』（1977）、ピラニアの恐怖を描いた『ピラニア』（1978）など、動物パニック絶叫型ムービーが数多く生まれた。

もっとも最近は、猛獣が人々を怖がらせ絶叫させるストーリーは流行らない。当時より生きものに対しての人類の知識量は増加したし、考え方も変化した。

ホオジロザメ
Great white shark
Carcharodon carcharias

海面に背びれだけを出して、音もなく人間に近づくジョーズの描写が恐ろしかった

Poison

毒

毒をもつ生きものは意外に多い。
それは、獲物を捕らえるための刀であり、
身を守るための盾である。

コバルトヤドクガエルの鮮やかな体色は、毒があるということを周りに伝える警告色だ

クレオパトラの最期

コブラ

かまれた場合の致死度 ★★★

Cobra
Elapidae

首の周りの皮膚を広げながら鎌首を持ち上げ、のどからシューッという大きな噴気音を出す。毒ヘビ・コブラの威嚇《いかく》のポーズはあまりにも有名だ。体長の3分の2を持ち上げる種もいるから、大きなコブラになると**大人の顔と同じ高さ**にくる。

ヘビの毒は獲物の動きを封じ、食べやすくするために進化したもので、大きく分けて2種類ある。ひとつは出血毒。かまれると**激痛を伴い壊死《えし》を起こし、腫れと痛みが全身に広がり内臓からも出血**する。一方の神経毒に激痛はない。体中の筋肉が麻痺《まひ》して呼吸困難に陥《おちい》り、**最終的には心臓が停止**する。コブラの毒は、この神経毒が主成分。世界最大の毒ヘビ・キングコブラは毒の量が多く、地上最大の動物・ゾウをも倒すといわれる。

ヘビは元来かなりの嫌われものであるが、古代エジプトで**コブラは王権の印であり守護神**であった。エジプト最後の女王クレオパトラは、すでに地中海の覇者になっていたローマとの戦いに敗れ、夫の死に悲嘆し、神聖な生きものであるエジプトコブラに胸をかませて命を絶ったと伝えられている。

コブラは、もっとも恐ろしいヘビだという認識が強いが、姿に似合わず性格はおとなしい。しかも毒牙が短いので、毒はそう簡単には注入されない。万が一出会ってしまっても、**近づいて刺激せぬ限り攻撃はしない**のだ。触らぬ神に祟りなし、あるいは君子危うきに近寄らずである。

インドでは素足の人が多く、毎年1万人ほどの人が踏んづけたインドコブラ（*Naja naja*）の被害に遭っている

頭部は大きくて頸《くび》が細い。地面だけでなく木にも登るので頭上にも注意

ホンハブ

最近の被害頻度 ★★★

Habu
Protobothrops flavoviridis

毒ヘビ日本代表

考えてみればヘビは類《たぐ》い稀《まれ》な姿をしている。手も足もないなんて。とかく嫌われることの多い生きものだが、人間とかけ離れたその外見がどうしても許せないのか、**二股に分かれた舌をしゅるしゅるといやらしく出し入れする**動作がいけないのか、はたまた獲物を丸呑みにする食事作法が原因か。ひょっとしたら、危険な毒もちがいるからかもしれない。

強力な毒をもつ毒ヘビは、敵に対する威嚇行動を発達させてきた。コブラが首の皮膚を広げながら鎌首をもたげるのも、ガラガラヘビが尾を振ってジャーと天ぷらを揚げているような音を立てるのもそのひとつだ。これは**無益な争いを避ける警告**となる。

ところが日本の南西諸島に生息するホンハブは、この威嚇行動が地味。しかも見通しの利かない森にすむため、そこにいるのに気がつきにくい。その上、興奮しやすく神経質な性格で、攻撃されたとすぐ思い込み反撃をしかけてくる。これが被害の多くなる原因だ。

ホンハブは**わが国最大で、最も危険な毒ヘビ**である。全長は2メートルにもなる。目にも留まらぬ速さで相手を攻撃するので、土地の人はハブにかまれることを「ハブに打たれる」と表現するほどだ。

しかし、近年の死亡者はゼロ。医療が発達したのもその理由のひとつだが、環境悪化と交通事故が原因でホンハブ自体の数が少なくなったからだ。現在では保護しなければならない存在となってしまった。

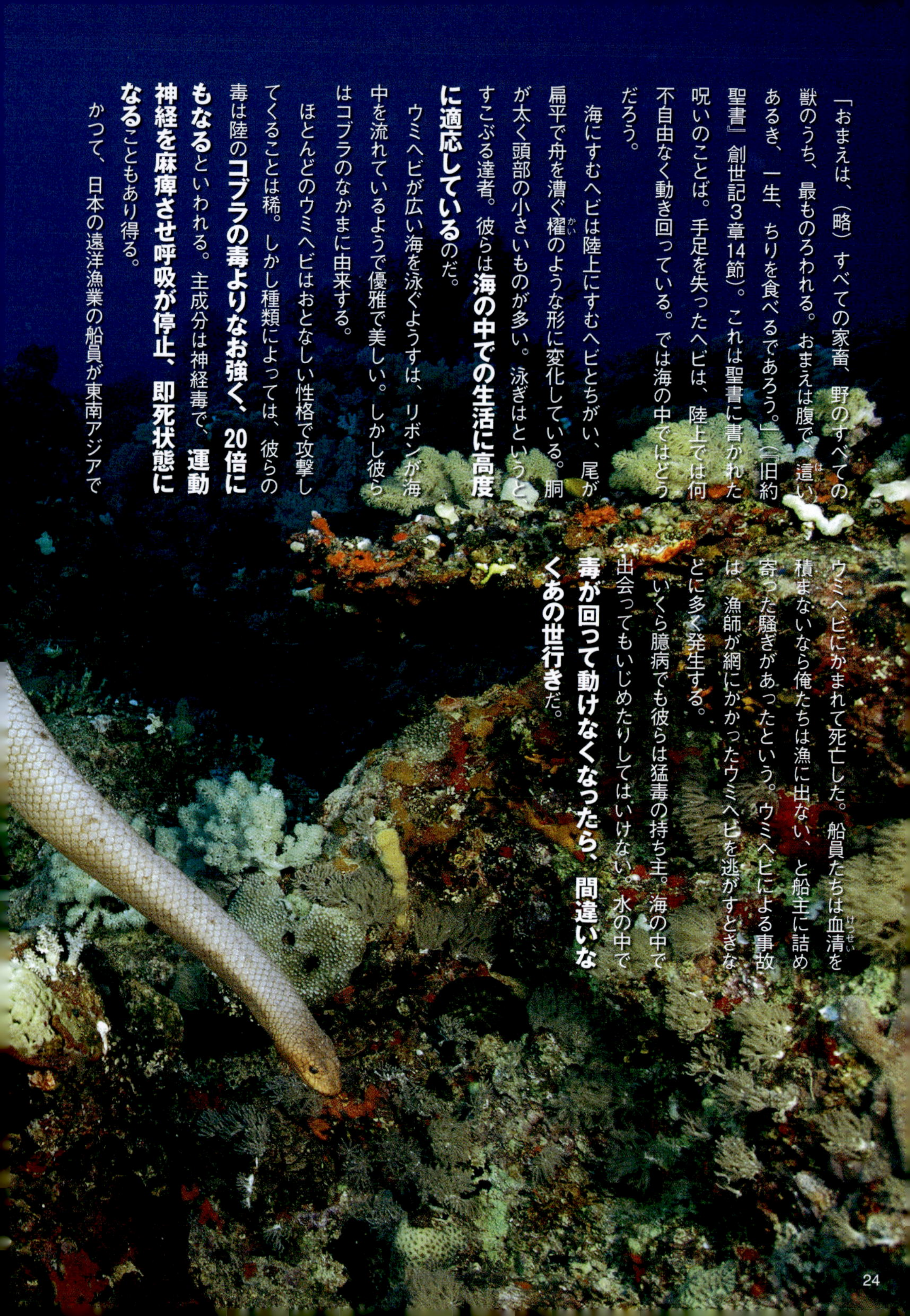

「おまえは、（略）すべての家畜、野のすべての獣のうち、最ものろわれる。おまえは腹で、這《は》いあるき、一生、ちりを食べるであろう。」（『旧約聖書』創世記3章14節）。これは聖書に書かれた呪いのことば。手足を失ったヘビは、陸上では何不自由なく動き回っている。では海の中ではどうだろう。

海にすむヘビは陸上にすむヘビとちがい、尾が扁平で舟を漕ぐ櫂《かい》のような形に変化している。胴が太く頭部の小さいものが多い。泳ぎはというとすこぶる達者。彼らは**海の中での生活に高度に適応している**のだ。

ウミヘビが広い海を泳ぐようすは、リボンが海中を流れているようで優雅で美しい。しかし彼らはコブラのなかまに由来する。

ほとんどのウミヘビはおとなしい性格で攻撃してくることは稀。しかし種類によっては、彼らの毒は陸の**コブラの毒よりなお強く、20倍にもなる**といわれる。主成分は神経毒で、**運動神経を麻痺させ呼吸が停止、即死状態になる**こともあり得る。

かつて、日本の遠洋漁業の船員が東南アジアでウミヘビにかまれて死亡した。船員たちは血清《けっせい》を積まないなら俺たちは漁に出ない、と船主に詰め寄った騒ぎがあったという。ウミヘビによる事故は漁師が網にかかったウミヘビを逃がすときなどに多く発生する。

いくら臆病でも彼らは猛毒の持ち主。海の中で出会ってもいじめたりしてはいけない。水の中で**毒が回って動けなくなったら、間違いなくあの世行き**だ。

ウミヘビ

毒成分の強度 ★★★

Sea snake
Hydrophiidae

海中の猛毒コブラ

インド洋のサンゴ礁域にすみ、さまざまな魚を食べるオリーブウミヘビ（*Aipysurus laevis*）。同じ海域にすむイボウミヘビとともに、もっとも恐れられているウミヘビのひとつ

アンボイナガイ

見た目以上の強毒度 ★★★

Geography cone shell
Conus geographus

　貝は非力なもの。何となくそういう印象がある。動きが遅いし、体が柔らかいので武器になるようなものもなさそうだ。しかし、いるのである。貝の世界にも最強のハンターが。肉食の巻貝、イモガイのなかまだ。

　イモガイのなかまは捕食行動が奇抜。生きた**獲物に毒銛《どくもり》を打ち込んで狩りをする**のだ。獲物は魚などで、打ち込まれるとただちに痙攣《けいれん》して動けなくなる。毒銛にはご丁寧に返しもついているので、刺さったら容易には抜けない。彼らは獲物に毒銛を突き刺したまま引き寄せ、ラッパ状に大きく広がる口で獲物を包み込んで丸呑みしてしまう。

　アンボイナガイはそんなイモガイのなかまでは最強。攻撃性が強く、**人間でも刺されると数時間で死ぬ**ほど毒が強い。沖縄ではハブガイと呼ばれ恐れられている。

　刺されると焼けるような強い痛みを生じ、**しびれ、嘔吐《おうと》、めまいなどの症状**が出る。ひどい場合は、呼吸困難で6時間以内に死亡する。刺された場合は、とにかく呼吸を確保し、患部を切開して毒を吸引する必要がある。

　イモガイという名前は、殻の形がサトイモのような円錐形《えんすいけい》をしていることにちなむ。模様の美しいものが多い。とにかく海に行ったら独特なこの形の貝には、間違っても手を伸ばさないようにすることだ。

英名も学名も「円錐形で地図の等高線のような模様がある」という意味。殻の長さは10㎝ほど。日本でも紀伊半島以南のサンゴ礁で見られる

毒銛を放つ最強ハンター

ウンバチイソギンチャク

発見の難易度 ★★★

Hornet sea anemone
Phyllodiscus semoni

パリトア・トキシカ（*Palythoa toxica*）。これは、生物のもつ毒の中で最強の猛毒をもつ生きもの、イワスナギンチャクの一種の名前である。かつてハワイの先住民が毒矢を作るのに利用していた。この種の科学的研究が行われたとき、ハワイ大学の学生がこの群体の上を泳いだだけで、**全身倦怠《けんたい》、筋肉痛と腹部の痙攣で数日間入院**したという。

イソギンチャクのなかまは害がなさそうに見えて、その実、毒を使う。触手に触れた生きものを、毒で麻痺させ動けないようにしてから口に運び丸呑みにする。動きの遅い生きものは、獲物を得るためにしばしば毒を用いる。

ほとんどのイソギンチャクの毒は、人間には影響のない程度。だが、日本のサンゴ礁域にも生息するウンバチイソギンチャクは触手に突出した猛毒をもち、極めて危険。とくにこのなかまは、**海藻や岩などと見分けがつかないことが多い**分、危険度は増す。

症状は、激痛に腫れ、**患部の壊死や嘔吐、痙攣、呼吸困難**などである。刺されたときの症状が重いことからウンバチ（海蜂）の名前がついている。

強烈な毒をもつのに、地味で目立たないところが恐ろしい。サンゴ礁の海で素手や素足で泳ぐことは、命知らずな危険な所業かもしれない。踏みつけないよう注意が必要だ。

見分けられない恐怖

茶色く見えるかたまりがウンバチイソギンチャク。沖縄では、もっとも危険な海の生きもののひとつ。海藻のようにしか見えない

サンゴ礁の悪魔

オニヒトデ

Crown-of-thorns starfish
Acanthaster planci

見た目のいやらしさ ★★★

近年オニヒトデは沖縄で大発生して、サンゴ礁を死滅させる悪者として有名になった。オニヒトデは30センチメートルほどの大きさで、バラのとげより鋭いとげで全身が覆われている。英名は「イバラの冠」。

この大きなとげには毒がある。刺されて毒が注入されると激痛が生じ、大きく腫れて化膿《かのう》する。患部が**壊死することもあり、ひどく刺されると最悪の場合悶絶《もんぜつ》して死亡する**ことすらあるという。

ヒトデは肉食性で、二枚貝やカニ、魚などを食べ、ときには死骸《しがい》にも群がる。食べ方は2通り。ひとつは胃の中に獲物を詰め込んで消化するタイプ。これはふつうだ。もうひとつは、人間では考えられないが、**胃を反転させ口から出して獲物にかぶせ消化してしまう**タイプ。オニヒトデは、この反転方式だ。

オニヒトデを食べるホラガイは、40㎝にもなる日本最大級の巻貝だ

胃袋をぶよぶよと出して、サンゴ礁の上を這いずりながらサンゴ虫を片っ端から溶かして食べてしまう。このようすは実にいやらしい。

ところがこの大きなとげをものともせず、食べてしまうつわものがいる。ホラガイだ。戦国の武将が合図を送る楽器として殻が使われたあれだ。ホラガイには**オニヒトデの毒も効かない**らしい。上には上がいるもんだ。

這いずり回った後には、白い骨格だけになったサンゴが残される

ヒョウモンダコ

小さな殺人鬼度 ★★★

Blue-ringed octopus
Hapalochlaena sp.

死神の母性愛

ヒョウモンダコのなかまは、インド洋と太平洋のサンゴ礁域に3種類が生息する。体長10センチメートルほどの小さいタコだ。

唾液《だえき》には、フグと同じテトロドトキシンという猛毒が含まれる。かまれると**運動神経が麻痺し、言語障害、嘔吐**などの症状が起こる。重症の場合には呼吸困難で死亡する。オーストラリアで見られる種は、日本のものより大型で毒も強い。

この毒をヒョウモンダコは捕食や防衛に使う。そのためか、ほかのタコのように墨を吐いて逃げるなんて中途半端なことはしない。そもそも**墨袋が退化している**のである。

興奮すると、怒りで真っ赤に……いや真っ青になる。体に鮮やかな蛍光ブルーのリングが浮き出るのだ。これは、へたなことをすると危険だぞという警告で、**無益な争いを避けようとする信号**なのである。

オーストラリアで見られるヒョウモンダコ（*Hapalochlaena maculosa*）。卵を抱えている

死神ともいえる猛毒のこのタコだが、実は母性愛がタコ一倍強い。産んだ卵を腕の間に抱えて、持ち運びながら保育する種がいるのだ。卵が無事にかえるまで守り抜き、その間何も食べない。そして**卵がかえったのを見届けたら、力つきて死んでしまう**のである。

ヒョウモンダコのなかまは、日本でも房総半島より南の潮間帯で見られる。運良く小さなとんがり帽子のこのタコを見つけても、手出しは禁物である。小さくても侮《あなど》れない猛毒の持ち主だから。

ハナミノカサゴ

見た目を裏切る猛毒度

★★★

Lionfish
Pterois volitans

美しいひれは、天女の羽衣のように優雅にたなびく

天女の羽衣に毒のとげ

たいていの魚は人間が近づくと泳ぎ去るが、ハナミノカサゴはそんなようすもなく悠然としている。自分が猛毒をもっていることを知っているのだろうか。

深く切れ込んだ背びれと胸びれは非常に長く、優雅だ。しかし**背びれと腹びれ、尻びれなどには毒のとげ**をもつ。刺さると毒液が流れ込み激しく痛む。水泳中やダイビング中に刺され、パニックになると大変危険だ。

ハナミノカサゴはひれをゆらゆらさせながら、海中で静止していることが多い。ぼうっと白く浮き上がり、まるで宇宙遊泳をしているかのよう。そこを小魚などがたまたま通りかかると、**一瞬のうちに口を伸ばして呑み込む**のが、彼らの食事作法。

優雅なひれは実用には向かず、海藻へのカムフラージュや、敵を驚かすのに役立っている。毒のとげは身を守る武器として使う。驚かすと**ひれを精一杯広げて向かってくる気の強い一面もある**ので、注意しなければならない。

大きさは30センチメートルほどだが、ひれが長い分もっと大きく見える。日本でも、駿河湾より南の沿岸で見ることができる。とても華麗な生きものだが、決して触れてはならない。花でも魚でも人間でも、やはり美しいものにはとげがつきものなのだ。

オニダルマオコゼ

命に関わる激痛度 ★★★

Reef stonefish

Synanceia verrucosa

岩にしか見えない

先に登場したハナミノカサゴより、さらに恐ろしい魚が本種である。

太く短い体に、こぶや出っ張りがたくさんあり、**頭部のでこぼこも著しく、醜怪《しゅうかい》な生きもの**である。体色も周りの岩そっくりで、泳ぐことは苦手に違いない。華麗なハナミノカサゴとは対照的だ。あちらが天女ならこちらは醜《みにく》い妖精ゴブリンだろうか。「オコゼ」とは容貌《ようぼう》が醜い魚という意味の古語だという。

サンゴ礁にすみ、周りに体色を合わせじっとしているので、石が転がっているようにしか見えない。専門家でも**発見しにくく、気づかずに踏んづけてしまう**危険がある。こうなると命に関わる事故に発展する可能性が高い。

背びれと腹びれ、尻びれのとげに猛毒があり、刺されると死に至ることもある。このような**刺毒をもつ魚のなかではもっとも毒性が強い**といわれる。焼けるような痛みは耐え難く、全身麻痺、精神的錯乱、痙攣、吐き気、発熱、呼吸困難などが見られ、最後には死亡する。たとえ助かっても**回復するには数カ月かかる**という。海中でこのような耐え難い痛みに襲われたら、**毒が回るより先に溺《おぼ》れ死ぬ**だろう。

とげをもつものは、何も美しいものだけではなかった。一度海に入ったら、異世界にお邪魔しているという謙虚な気持ちでいることが大切のようだ。ちょっと手をつくところにも、ひょっとしたら命ある生きものが潜んでいるかもしれないと思った方がいい。

じっと岩のように動かず獲物を待つ長い時間。腹這いになって海底から見上げる海は美しいだろうか

カツオノエボシ

触れたときの激痛度 ★★★

Portuguese man-of-war
Physalia physalis

　美しい姿をしているが、強力な毒をもつので触れてはいけない。砂浜にしばしば打ち上げられて死んでいることがあるが、やはり触れてはいけない。彼らは、死んでもなお危険な生きものなのである。

　毒をもつ生きものは、動きのゆっくりしたものが多い。彼らはすばやく動き回る生きものを捕らえるために、毒を利用している。クラゲもそうだ。

　カツオノエボシはクラゲのなかま。しかしクラゲといっても、気泡体（烏帽子《えぼし》状の浮き袋）で**海面に浮かんで帆走する変わり者**である。気泡体の下には、小魚などを捕食する触手や、生殖体などが伸びる。実はこの部分は、**無数の個体が集合して成り立っている**のだ。

　カツオノエボシの触手には、クラゲのなかでもとくに強い毒がある。刺されると激痛が走り、紫色に腫れ上がる。最悪の場合はショックを起こす。小さな**子どもでは呼吸筋が麻痺して死亡することもある**という。

　世の中にはもっと危険なクラゲがいる。オーストラリア沿岸にすむオーストラリアウンバチクラゲは、毒も強く、世界一危険なクラゲだ。機敏に泳いで魚を捕らえるという、およそクラゲらしくない運動神経をもつ。数十人の死者が出ており、まさに殺人的なクラゲだ。

　とはいえ、**クラゲには種類によって決まった出現時期がある**のだ。刺されないためには、その時期を知るのが大切。カツオノエボシは初夏のころだろう。初鰹《はつがつお》の訪れる新緑の季節になると出現するのが名前の由来だ。

オーストラリアウンバチクラゲの触手は4.5mにも達する

本州以南の暖海に生息。電気ショックのような痛みが走るので、死んでいても絶対に触らないこと

死んでもなお

陸上ではよちよち歩くが、
水中での動きは巧み

カモノハシ

遭遇する可能性 ★★★

Platypus
Ornithorhynchus anatinus

意外にも毒もち

カモノハシは鳥のように卵を産み、イヌのように母乳で育てる摩訶不思議な動物。毛皮標本が初めてヨーロッパに紹介されたときは、作り物だと思われた。水かきのあるカモのような脚とくちばし、ビーバーのような尾、カワウソのような毛皮とくれば無理もないだろう。

オーストラリア東部とタスマニア島だけにすむこの珍獣は、ネコぐらいの大きさで思ったよりも小ぶり。愛嬌満載の外見だが、**イヌぐらいの大きさの動物なら殺せるほどの毒をもつ**というから驚きだ。

毒はオスの後ろ足にある大きな蹴《け》爪《づめ》に仕込まれている。この使い道にもまた驚く。獲物を狩るためや護身のためではなく、オス同士の闘いで使うという。まさか**恋敵を毒殺しようというほどの情熱家**とは。のんびりとした雰囲気にだまされてはいけない。

カモノハシは、水底のエビや貝を捕食する肉食の動物。水中では目に限らず耳も鼻も閉じているが、どうやって獲物を見つけ捕まえるのか。ここで活躍するのがカモのようなくちばしだ。

くちばしは柔らかいゴム板のようで、**たくさんの感覚細胞が張り巡らされた皮膚**で覆われる。これが鋭敏なセンサーとして働き、磁場のかすかな変化も感知して獲物を見つける。我々が目でものを見るように、カモノハシは**くちばしで周りのようすを見ている**のだ。

この奇想天外な動物は長距離の移動に堪えられないため、日本どころか世界の動物園でも稀である。生のカモノハシに会うには、現地へ飛ぶしかないようだ。

ヤドクガエル

Poison dart frog
Dendrobatidae

最強種の猛毒度 ★★★

モウドクフキヤガエル（*Phyllobates terribilis*）は、もっとも毒性が強いカエルとして知られる。オスが１〜９匹のオタマジャクシを水たまりまで運ぶ

中南米の熱帯雨林にすむ小さなカエル・ヤドクガエルのなかまは、赤、黄、緑、青などどれも目を引くビビッドな色合いをしている。集めてコレクションしたくなるほどだ。しかしこれは「俺たちに手を出すと、ろくなことにならないぞ」という警告色。彼らは**皮膚から猛毒を分泌する最強の両生類**だ。

コロンビアの先住民チョコ族は、ヤドクガエルのなかま・モウドクフキヤガエルの毒を矢の先に塗り、ジャガーやシカなどをしとめる吹矢を作った。この**矢が刺さった動物は、一瞬のうちに体が麻痺して動けなくなる**という。

多くのカエルは夜活動するのが普通だが、この派手なカエルは、自分が危険な存在であることを誇示しながら昼間に活動する。昼間のほうが気温も高いし、獲物も多いからだ。非常な大食漢で、アリなどの昆虫をぺろぺろ、ぺろぺろ食べ続ける。

ヤドクガエルが産む卵の数は極端に少ない。地上でふ化したオタマジャクシは、親の背によじ登って水たまりまで運ばれる。植物の葉の基部にたまった**雨水など、ちょっとした水たまりにオタマジャクシを放す**ものもいる。

極彩色の小さな毒ガエルたちは「食べるなよ。キケンだから」と周りに警告しながら、少数の子孫を守り抜いている。

食べるなキケン

自分たちが天敵

コモドオオトカゲ

Komodo monitor
Varanus komodoensis

襲われた場合の恐怖度 ★★★

インドネシアに生息するコモドオオトカゲは、現在地球に生きているトカゲで最大の大きさを誇る。体長3メートルを超える獰猛な捕食者で、**500キログラムにもなるスイギュウや、果ては人間さえも捕食**する。

驚くことにコモドオオトカゲは、同じ種の子どもまで構わず襲って食べてしまう。共食いだ。その脅威から逃れるため、コモドオオトカゲの子どもは、卵からかえるとすぐ木に登り、樹上生活に入るという。この行動が種族を維持している。

彼らは島の生態系の頂点に立ち、天敵がいない。人間も長い間住んでいない地域だったから**数が増え過ぎ、獲物が乏しくなったため、同じ種が天敵となってしまった**のである。同種を襲う光景は、まさに阿鼻叫喚《あびきょうかん》の地獄絵だ。

コモドオオトカゲの口内には複数種の細菌が増殖し、かみつかれた獲物は敗血症で命を落とすと長い間考えられてきた。しかし、オーストラリアの研究者はこの説を否定している。獲物を殺すのは口内の細菌ではなく、彼ら自身のもつ毒だと主張しているのだ。

彼らは待ち伏せをして、通りかかった獲物を襲う。強力な脚力と鋭く丈夫なかぎ爪、次々に生え変わる**鋭い歯で獲物の体に傷をつけ、その傷口に毒を流し込む**のだ。万が一かみ殺されなくても、体に回った毒が血液の凝固を妨げ、急速に血圧が低下。失血が進んでショック状態になりやがて衰弱死するという。

コモドオオトカゲは、鋭い歯と猛毒の合わせ技で、確実に獲物をしとめていたのだ。

恐竜を思わせる頑丈な体に鋭いかぎ爪

ズグロモリモズ

鳥のなかでの猛毒度 ★★★

Hooded pitohui
Pitohui dichrous

熱帯雨林には、未確認の新種の生きものが数多くいるという。それだけに、どんな生きものがいてもおかしくないロマンというか包容力が熱帯雨林にはある。鳥類では**非常に珍しい、毒をもつ鳥が発見された**のもオーストラリアに近いニューギニア島の熱帯雨林だった。

１９９２年発行の科学誌『サイエンス』に、毒鳥についての研究が発表された。その名をズグロモリモズ。発表したシカゴ大学の研究者は、この鳥の毒性に偶然気がついたという。

くちばしと脚の爪で引っかかれた傷口をなめてみたら、口内がしびれたのだ。そこで羽毛を自分の舌に乗せてみたところ、くしゃみが出て**口と鼻の粘膜に麻痺と灼熱感を即座に覚えた**と報告されている。

ズグロモリモズの皮膚と羽毛には強い毒があり、捕食者から身を守っていると考えられている。オレンジと黒の目立つ羽色は、毒もちで危険だということを周りに警告しているのだろう。実際同じ生息地にくらすヘビやタカは、この鳥を食べないという。

伝説の毒鳥は実在したか

中国には毒鳥の有名な伝説がある。鴆《ちん》という名で**猛毒のその羽を浸した酒が暗殺に使われた**という。有毒生物の存在は数多く報告されているが、こと鳥類に関しては毒性を示す鳥の存在が報告されていなかったため、鴆も空想上の産物と長い間考えられてきた。

鴆とズグロモリモズが同種であるのかはわからない。しかし、鳥類にも毒をもつものがいたという事実は、鴆が実在した可能性を飛躍的に高めたに違いない。

ピトフィーと発音する鳴き声から学名がついたこの毒鳥。雌雄ともに同じ体色と毒をもつ

じっさい一番キケンかも

スズメバチ

昆虫界の最強度 ★★★

Hornet
Vespidae

身近にいる危険な生きものでまず思いつくのは、スズメバチだろう。性質が凶暴で、毒性も強い。厚生労働省の人口動態調査では、日本で**スズメバチに刺されて死亡する人は例年20～30人**とされる。事故の件数はヘビ、クマを抜いてダントツ1位だ。

ハチに刺されてアレルギー反応が出る人は、刺されると2回目以降非常に過敏に反応してショック状態になることがある。ひどいときには**呼吸困難や血圧低下、意識障害など生死に関わる重篤《じゅうとく》な症状**を起こす。これはアナフィラキシーショックと呼ばれ大変危険だ。

都会で一番多くて被害も多いのが、興奮しやすい性格のキイロスズメバチ。オオスズメバチはおとなしいが、世界最大で最強のスズメバチだ。体が大きい分、毒の量も多いが、土中に巣を作るため山間部に多い。

彼らはむやみに襲ってはこないが、**巣のこととなると血相を変え死をも辞さない意気込み**だ。ただ、攻撃前に必ず合図があるのでそれを見逃さないことだ。

必要以上に巣に近づいたりすると、**大あごをカチカチ鳴らして警告のサイン**を出してくる。この時点で気がついてそっとその場を離れれば、助かる可能性はぐんと高くなる。

スズメバチが人を襲うのは、巣を守るため。巣内で新女王とオスが生まれる8月から10月ごろが一番気性が荒く危険。

気をつける点は4つ。巣がありそうな木の空洞などには近づかない。香りに敏感なので、香水や整髪料は控える。黒いものを攻撃する性質があるので、黒い服は避け髪も帽子などで隠す。激しい動作はハチを刺激し逆効果。もしスズメバチに出会ってしまっても冷静に静かに行動すればお互い干渉せずにすむ。

オオスズメバチ（*Vespa mandarinia japonica*）は体長が4cmもあり、大あごも武器になる

吸血のため人間の肌に着陸を試みるヤブカのなかま（*Aedes* sp.）

ザ・ベクター 悪霊の使い

カ

Mosquito
Culicidae

身近なキケン度 ★★★

あまりにもありふれているので気に留めないが、カはさまざまな病気を媒介《ばいかい》する吸血鬼だ。

マラリアや黄熱、デング熱など、カがベクター（媒介者）となる感染症は多い。遠い異国のことと思いがちだが、日本とて安心はできない。

たとえば、日本脳炎。現在は予防接種のおかげで患者数は減少したものの、発病すると高熱や嘔吐、意識障害や痙攣などの症状が表れ、重症患者の5割が死亡、生存者の3～5割に**精神障害や運動障害などの後遺症が残る**といわれている。特別な治療法はなく、カに刺されないことが一番の防衛法だ。

ところで、カが吸血する理由をご存知だろうか。カは卵をつくるのに必要なタンパク質を、ほかの生きものの血液から得ている。つまり、**吸血するのは母であるメスだけ**なのだ。普段は、オスもメスもチョウのように花の蜜などを吸って栄養を摂るという。

無数の毒針毛で身を守るドクガのなかま。美しいが危険だ

風に舞う毒針

ドクガ

Tussock moth
Lymantriidae

見つけたときの不快指数 ★★★

細かい毛がびっしり生えた毛虫は、触ると痛そうで本能的に避け、息も止めてみたりする。

ドクガ科のメスには、腹の先端部に**びっしりと毒をもつ毛（毒針毛《どくしんもう》）をまとい、飛びながらそれを撒き散らしている**種類がいる。このなかまのガは、鳥などの敵から身を守るため、狙われやすい幼虫の時期にだけ毒針毛をもつ。

しかしなかには、メスが蛹《さなぎ》になるときに、繭《まゆ》の内側に毒針毛を塗りつけておいて、羽化するときにそれを腹にこすりつけて繭から出てくる種類がいる。そして産卵するときにご丁寧に毒針毛を卵にくっつけるのだ。

このようなドクガは、**母から受け継いだ毒針毛で、卵のときから身を守っている**ことになる。

この毛が皮膚に刺さると、痛みや痒《かゆ》み、腫れなどの皮膚炎を引き起こすので、息を止めてその場からそっと離れよう。

サソリ

猛毒種との遭遇可能性 ★★★

Scorpion
Scorpiones

儀礼を重んじて

猛毒のキイロオブトサソリ（*Androctonus australis*）。尾の毒針を見せつけて威嚇している

サソリの体にブラックライトを当てると発光する。この蛍光現象の理由はまだ解明されていない

夏目漱石の小説『我輩は猫である』に「主人の蛇蝎《だかつ》の如く嫌ふ金田君」という表現がある。「蛇蝎」つまりヘビとサソリは人が忌み嫌うものを喩《たと》えていうことば。我々はひどくサソリを嫌っているようだ。

ザリガニに外見が似ているので同じ甲殻類《こうかくるい》のなかまと思われがちだが、**クモに非常に近いなかま**である。

手には鋏《はさみ》、尾に毒針を武装した強毒の持ち主というイメージが強いが、死に至らしめる猛毒をもつものはほんの一部。昆虫などの小さい生

きものを獲物にする。

　サソリのなかでも強い毒をもつといわれるのはオブトサソリ。刺されると神経が麻痺する。1回に注入される毒の量は少ないが、体の小さな子どもや刺しどころが悪ければ、**のどが硬直して発声障害が起こり、そのうち呼吸筋が麻痺して窒息死する**こともある。

　そんな恐ろしいサソリだが儀礼を重んじる意外な一面もある。交尾の前に**雌雄がお互いの手を取り合って前後左右にゆっくり動く**というもの。異性を前にしたときに行うこの行動が紳士的で、何だか好感が湧く。

　まだある。どのサソリも子守りをする性質がある。母親は、どこへ行くにも子どもを背中に乗せて保育をするのだ。子どもがまだうんと小さいときには、落っこちると慌てて拾って乗せるというから微笑《ほほえ》ましい。

　実際には、ほとんどのサソリが大型哺乳類を殺せるような猛毒はもっていない。しかし、サソリの生息地に暮らす人々の間には、靴を履く前に中を確かめる習慣がある。旅先では郷に入れば郷に従うのが賢明だ。

タランチュラはクモ愛好家の間では人気がある。写真は、ヒザベニオオツチグモ（*Brachypelma smithi*）

誤解と偏見

タランチュラ

見かけ倒しの猛毒度 ★★★

Tarantula

タランチュラは恐ろしい毒グモだと思っている人は多い。しかしそれは完全なる誤解なのである。人をも殺す猛毒をもつと信じられていたのは、近代医学が発達する以前の話。サソリかほかの生きものに刺されたと思われるが、**たまたま同じ場所に生息している恐ろし気な大きなクモが犯人にされた**のだ。それがタランチュラだった。その後、網を張らない徘徊《はいかい》性の大きなクモのことを、みなタランチュラと呼ぶようになった。

もちろん、牙はミシン針の先ほどの太さがあるし、弱いが**毒もあるのでかまれれば相当痛い**が、性質はおとなしく人間を攻撃することはまずない。

大きな体に長く太くしかも毛深い脚。いかにも悪役のこのビジュアルが、猛毒グモと信じられた不幸な偏見の始まりだった。

ジュウサンボシゴケグモ

体の大きさに対するキケン度 ★★★

Mediterranean black widow spider
Latrodectus tredecimguttatus

タランチュラに濡れ衣を着せた真の猛毒グモが、このクモだといわれている。体の大きさが1センチメートルほどと小さく、当時はタランチュラの方が目立ったばっかりに猛毒として恐れられるようになってしまった。しかし真犯人はこの小さなクモだったのである。

小さいけれど、**脊髄《せきずい》に作用する強い神経毒**をもっている。かまれると、10分ほどで全身症状が表れる。腹筋の硬直、耐え難い痛みとともに多量の汗、涙、唾液が出、血圧上昇、呼吸困難、言語障害などが起き、回復しない場合は2〜3日後に死亡するという。

ゴケグモのなかまは、熱帯地方を中心に世界中に分布する。日本にはもともといなかったが、**1995年に大阪府でセアカゴケグモが発見**され、それ以降いくつかの地域で見つかり問題になっている。

こちらが真犯人

このなかまは黒いボディに赤い斑紋が特徴

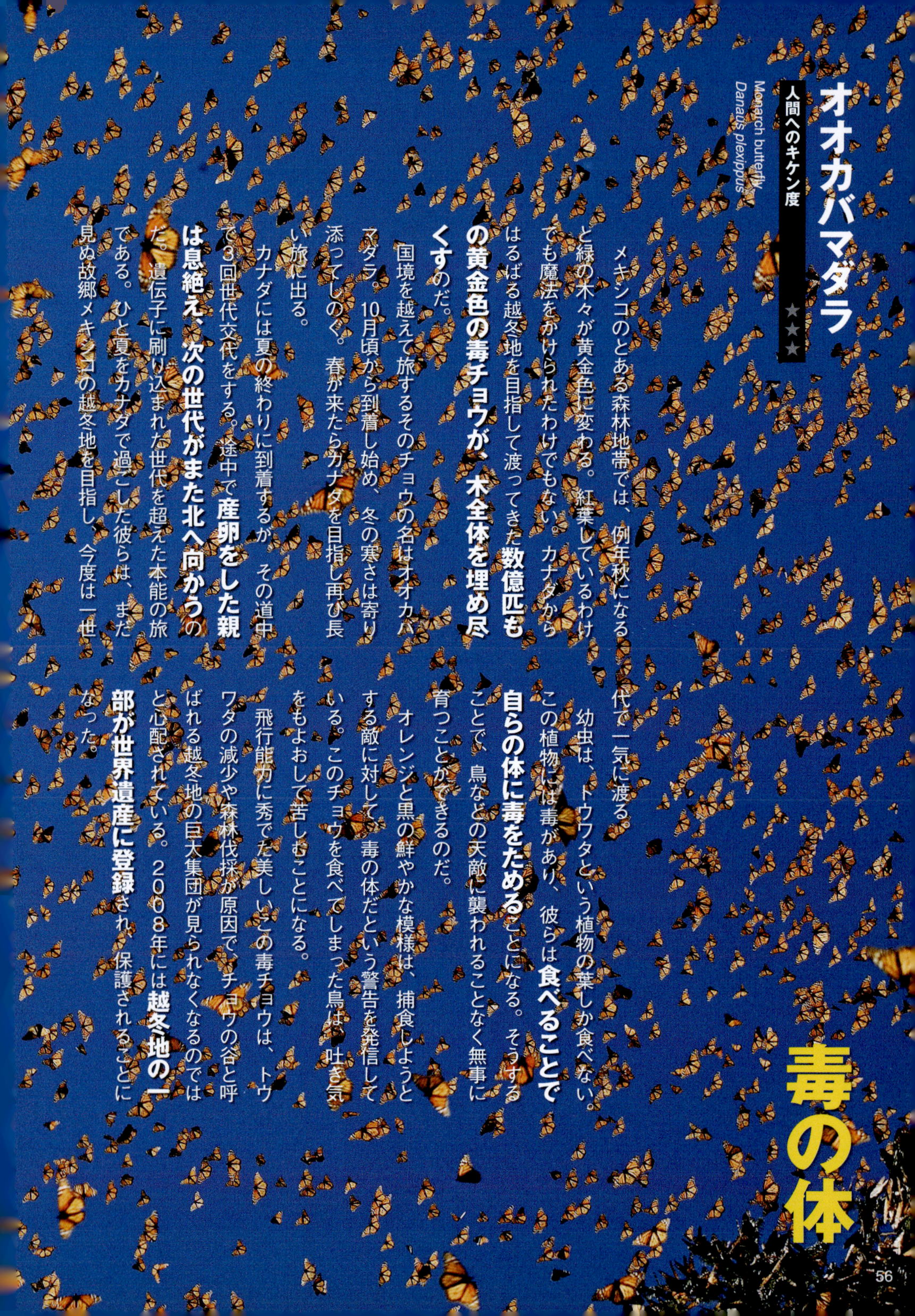

毒の体

オオカバマダラ

Monarch butterfly
Danaus plexippus

人間へのキケン度 ★★★

メキシコのとある森林地帯では、例年秋になると緑の木々が黄金色に変わる。紅葉しているわけでも魔法をかけられたわけでもない。カナダからはるばる越冬地を目指して渡ってきた**数億匹もの黄金色の毒チョウが、木全体を埋め尽くす**のだ。

国境を越えて旅するそのチョウの名はオオカバマダラ。10月頃から到着し始め、冬の寒さは寄り添ってしのぐ。春が来たらカナダを目指し再び長い旅に出る。

カナダには夏の終わりに到着するが、その道中で3回世代交代をする。途中で**産卵をした親は息絶え、次の世代がまた北へ向かうの**だ。遺伝子に刷り込まれた世代を超えた本能の旅である。ひと夏をカナダで過ごした彼らは、まだ見ぬ故郷メキシコの越冬地を目指し、今度は一世代で一気に渡る。

幼虫は、トウワタという植物の葉しか食べない。この植物には毒があり、彼らは**食べることで自らの体に毒をためる**ことになる。そうすることで、鳥などの天敵に襲われることなく無事に育つことができるのだ。

オレンジと黒の鮮やかな模様は、捕食しようとする敵に対して、毒の体だという警告を発信している。このチョウを食べてしまった鳥は、吐き気をもよおして苦しむことになる。

飛行能力に秀でた美しいこの毒チョウは、トウワタの減少や森林伐採が原因で、チョウの谷と呼ばれる越冬地の巨大集団が見られなくなるのではと心配されている。2008年には**越冬地の一部が世界遺産に登録**され、保護されることになった。

チョウの重みで枝が折れることもある

集団越冬地では、晴れて気温が上がると乱舞が見られる

毒を使う生きものは意外に多いが、どうやって毒を手に入れるのだろう。毒専門の闇取引もあるまい。彼らには、自らの体内で毒を生成するものと、毒のあるものを食べて体に毒を蓄積させるものとがいる。

毒を体内でつくるのにも、毒を食べても平気な体になるのにも、コストがかかる。高い対価を払った割に利益が少なければ、厳しい生存競争に勝てない。そのリスクを冒してまで毒をもつべきか、本人たちも悩むところだ。危ない橋は渡らないか、それとも思い立ったが吉日と前に進むか。

毒をもつ生きものは、いずれにせよ苦労をして毒を使える体となった。しかしなかには、彼らの努力を手軽に利用する処世術に長《た》けた生きものもいる。毒をもつものの外見だけを真似て、本当は毒がないのに、毒もちのように見せかけ周りを騙《だま》すのである。毒をもつものには、派手で目立つものが多いから、この術が成り立ってしまう。まさに狼の皮をかぶった羊だ。

この戦略をとる生きものには、なぜか昆虫が多い。これは、説明がつく。動物は必ずしも人間のように、立体的に物を見たり色が判別できたりする目をもっているとは限らない。明暗がわかるだけだったり、物は見えるが距離感がわからなかったりする。このような目をもつ動物は、視覚だけでなく嗅覚や聴覚でも判断している。

しかしニセ毒もちが真似をするのは、匂いでも音でもなく、その外見。視覚に訴える防衛戦略だ。このことから、騙す相手は目の良い生きものであることが想像される。ターゲットは、昆虫の主たる捕食者である鳥類やトカゲだ。つまり食われないための技。

Sheep in wolf's skin

狼の皮をかぶった羊

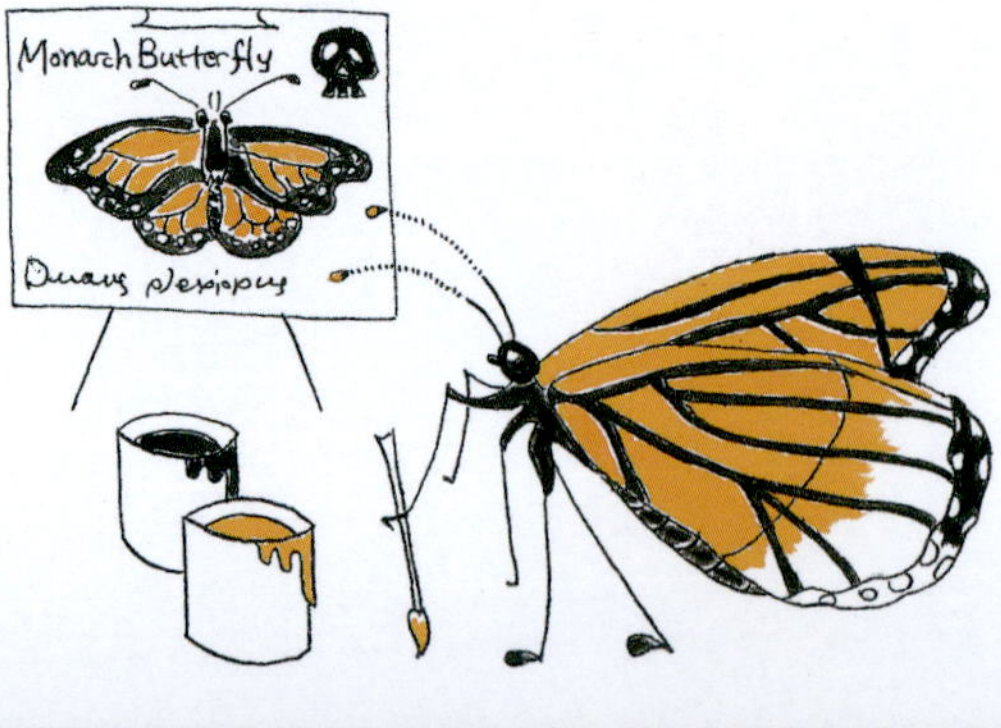

カバイロイチモンジ

Viceroy butterfly
Limenitis archippus

オオカバマダラより小さいが、それだけを判断材料にこのチョウを食べるのは、ロシアンルーレットのようなものだろう

写真は、56ページに登場した毒もちオオカバマダラにそっくりなニセ毒もちのチョウ。ページを戻って比べてみて欲しい。そっくりだ。せこいといえばそれまでだが、このコピー能力は優れている。「あいつを真似すれば助かるぞ」と考えたのだ。真似を始めたこのチョウは、この本に登場する唯一何のキケンも害もない生きものだ。

Huge
巨大

牙や毒など、特別な武器はなくとも、
巨大であるということは、それだけで有利。
数を増やして大きな力を生み出す社会派もいる

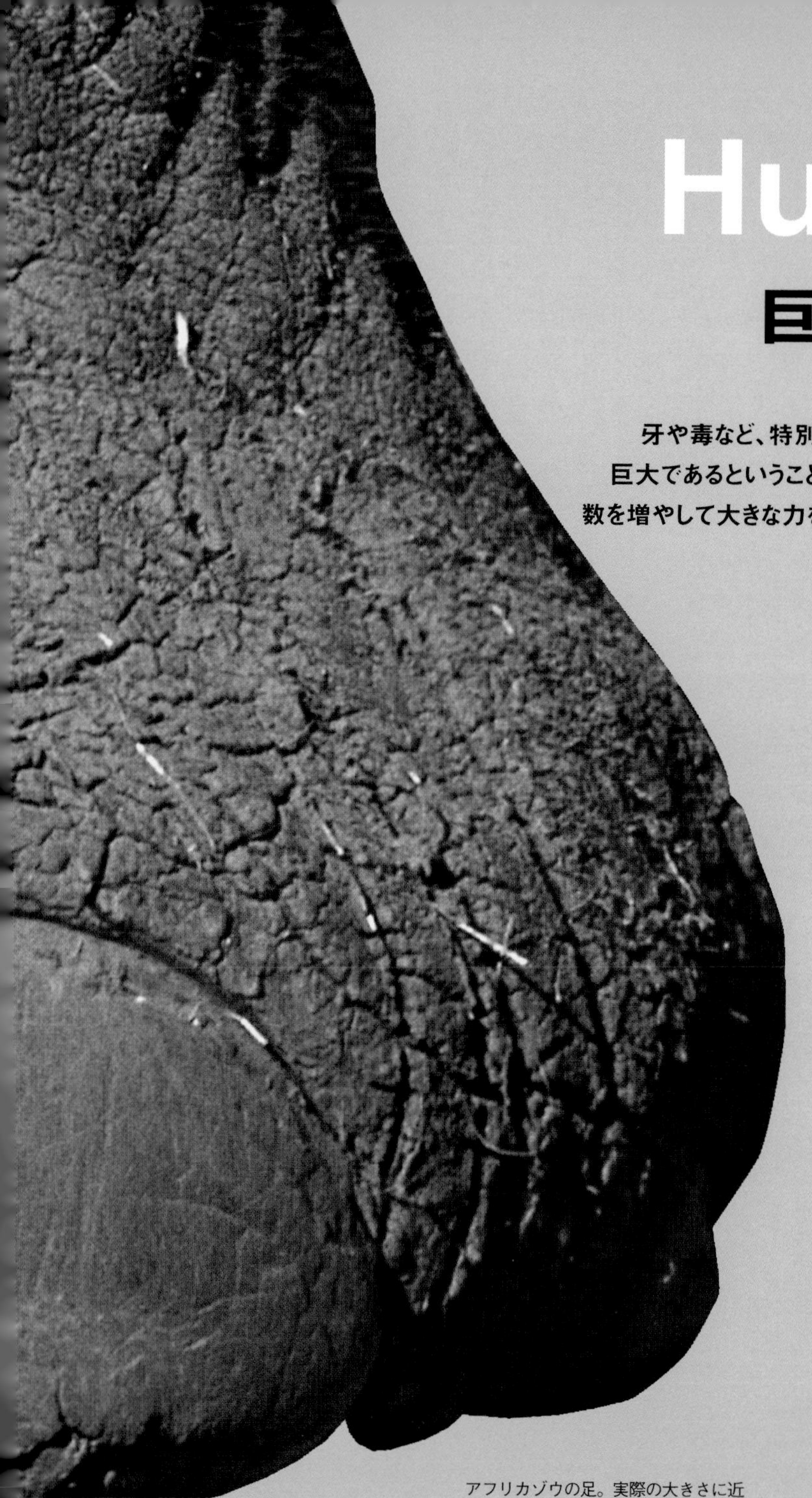

アフリカゾウの足。実際の大きさに近づけるとほとんど紙面に収まらない

アフリカゾウ

生息地での被害深刻度 ★★★

African elephant
Loxodonta africana

大きいは強い

アフリカゾウのもっとも目立つ特徴は、体格の良さ、すなわち巨大であることだ。現生の陸上動物中最大。肩までの高さが**オスで4メートル、体重は7トン**にも達する。群れの中で一番巨大な個体が最長老だ。群れは、メスとその子どもたちで構成され、リーダーは、年長のおばあさんゾウだ。とても温厚で従順な印象の強い動物だが、大きいということはすなわち強いと同義語である。

ゾウといえば長い鼻。たくさんの筋肉が集まって、**木を根こそぎにできるほどの力**をもつ。牙は上の門歯が伸びたもので、最大のものでは長さ3・45メートル、重さ117キログラムという記録がある。

威嚇するときは、アフリカ大陸に似た形の**耳を左右に広げ、巨大な体をさらに大きく見せる**動作をする。これだけでも十分に恐ろしいが、そのままで収まらないときは、真っ直ぐに突進してくる場合もある。生身の人間には到底敵《かな》う相手ではない。

近年、ゾウの個体数増加と人間の人口増加が相まって、ゾウと人の「衝突」が相次いでいるという。衝突といってもゾウの方が圧倒的に強く、被害は地域住民側の方が遥かに大きい。ゾウが**畑や水場、家などを一晩で壊したり、最悪の場合人を踏み殺したりする**事件が起きているというのだ。人にはなすすべがない。

人間は、食物連鎖の頂点に立つ捕食者だ。だが、武器を持たない限り、野生動物の前では生まれたての赤ん坊と同じくらい非力な存在でしかない。

同じ地面に立って、ゾウに威嚇されたとしたら、自分の小ささと無力さを目の当たりにするに違いない

カバ

気性の荒さ ★★★

Hippopotamus
Hippopotamus amphibius

カバにはのんびりした印象がある。凹凸の極めて乏しい樽《たる》のような胴体と、極端に短い脚のせいだろうか。デンジャラスな悪役ではなく、絵本に出てくる優しいキャラクターのイメージだ。だが実際は、動物界きっての危険な生きものなのではないかという声もある。

カバは、**もっとも気性の荒い動物のひとつ**といわれている。縄張りに侵入したものは、獰猛なワニであれ人間であれ構わず攻撃し、メスをめぐるオス同士の闘いでは、稀に相手を殺すこともあるのだ。新しいオスが群れの**ボスになると、前のオスの子どもを殺す**行動も報告されている。

体長は3メートルをゆうに超え、大

きいものでは3トンを超える体重、口の横幅は最大50センチメートル、あごは150度まで開くことができる。成長すると**50センチメートルにもなるカミソリのように鋭い下あごの犬歯**は、恐ろしい凶器だ。自身の皮膚を突き破り傷つけることもある。

しかし、害のないものには寛容だ。カメやワニの子どもがカバの背中で日向ぼっこしたり、鳥が背中に乗って魚捕りの足場に利用したりする。日差しの強い日中は水の中でごろごろ過ごし、夕方上陸して草を食べに出かける。そんな毎日を規則正しく過ごしている。

向かうところ敵なし

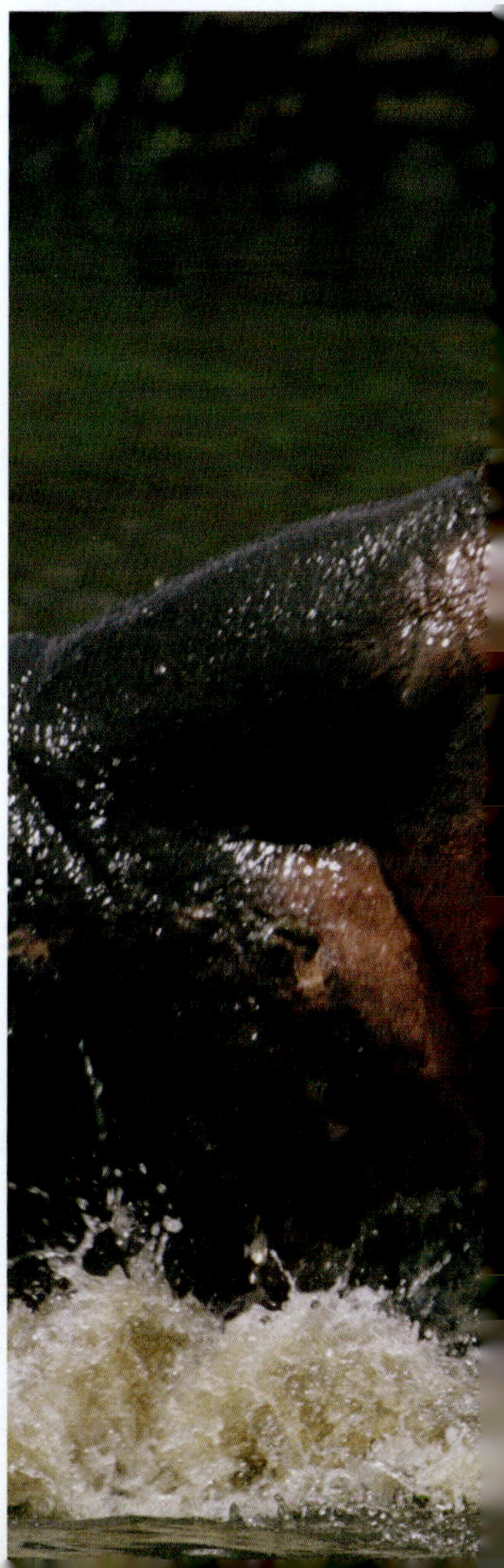

大きな犬歯は、人間の拳2つ分ぐらいの穴を相手の皮膚にあけてしまう

背中にダイサギが乗っていても、とくに気にするようすもない

ヒグマ

出くわしたときのキケン度 ★★★

Brown bear
Ursus arctos

クマの領分 ヒトの領分

筋肉隆々《りゅうりゅう》の巨大な体躯、尖った犬歯、鋭いかぎ爪、それに獰猛な性格。ヒグマは巨大で恐ろしい獣として知られている。彼らは雑食で何でも食べる。魚、植物の根、木の実、昆虫、蜂蜜、そして人間の出した生ごみ。自分で**獲物を狩るより生ごみをあさるほうが数倍楽**なため、しばしば人間の生活圏へ迷い込み被害を出す。

1915年、北海道に生息するエゾヒグマが人間を襲い、7名の死亡者と3名の重傷者を出した。

子どもはふつう1～3頭。子どもといるときはとても柔らかな表情をする

日本史上最悪のヒグマによる事件である。北海道庁によると、1989年から2005年までに発生した、**ヒグマによる人身事故は30件、そのうち8件が死亡事故**だ。

ヒグマは亜寒帯から寒帯の森林や草原に分布し、日本では最大の陸上動物。恐ろしい印象が強いが、彼らも特別な存在ではなく我々人間と同じ生きものだ。

素晴らしい体躯を駆使して獲物を捕らえ、木の実を頬張りくらしている。子どもへの愛情は強く、2～3年の間子どもは母親のもとでくらす。大きな体に**成長しても、母親に魚を捕ってもらう**甘えん坊だ。ただ、人間とは力が違いすぎる。ヒグマの腕のひと振りで、弱い人間など簡単にやられてしまう。

現在、ヒグマは生息地の急速な縮小と駆除や密猟などが原因で、世界中で絶滅の危機にある。駆除か保護ではなく、共存の道を目指した対策が世界で模索されている。ヒグマはとても警戒心が強く、そして誇り高い生きもの。鋭い嗅覚と聴覚で人間の気配を察知し、**人間を避けてひっそりとくらすのが本来の姿**だ。

北アメリカに生息するヒグマ・グリズリー（*Ursus arctos horribilis*）。エゾヒグマよりさらに大きく重量感がある

アフリカニシキヘビ

手際の良さ ★★★

African rock python
Python sebae

ヘビは、自分の体に比べかなり大きな動物を獲物にする方向に進化してきた。手足のないヘビが大きな獲物を鎮圧するのには、2つの方法がある。ひとつは、コブラのように毒を獲物の体に注入し、その力を奪う化学兵器タイプ。そしてもうひとつが**巻きついて相手を動けないようにする絞め殺しタイプ**だ。

動かなくなったインパラをゆっくりと呑み込んでいく

死ぬまで絞め上げて

アフリカニシキヘビは、全長6メートルにもなる巨大なヘビ。彼らは、絞め上げて獲物をしとめるタイプだ。無駄な力はいっさい使わず、最小の力で獲物を窒息させる。獲物の呼吸するリズムを敏感な皮膚で感じながら、息を吐いて**肺が少し小さくなるたびにくっと静かに絞め上げていく**のだ。獲物が窒息死して動かなくなると、食事の時間。後はゆっくりと呑み込んでいく。

常識はずれの大口を開くことができるのは、下あごと上あごが折りたたみ式の骨でつながっていて倍に開くことができるからだ。それに下あごの骨はひとつながりではなく左右2本に分かれ、靭《じん》帯《たい》でゆるくつながっているのも大口を開けられる所以《ゆえん》だ。**皮膚は伸び縮み自在、肋骨《ろっこつ》も広げられる**ので、どんな邪魔もなく獲物は胃袋へ送り込まれる。

大物を呑み込むときに、窒息してしまわないかと心配になるが、もちろんそんな間抜けなことはない。気管は弾力のある筋肉の鞘《さや》で覆われていてつぶれない。何から何まで、大きな獲物を食べるために獲得してきた体のつくりなのである。

シャチ

野生での獰猛さ ★★★

Killer whale
Orcinus arca

世界中の海に生息する世界最大最強のイルカのなかま。シャチは本来通称だが、和名のサカマタよりも通りが良い。人間に懐《なつ》きやすく極めて知能が高いため、水族館でも調教され人気者になっている。しかし、**野生では獰猛貪欲なハンター**なのだ。英名は「殺し屋のクジラ」、学名は「冥界《めいかい》から来た魔物」という意味だ。

アルゼンチンのパタゴニアでは、体長2メートルもあるアシカのなかま・オタリアを襲って食べることが知られている。そのようすは衝撃的。陸地にいるオタリアの群れへ**波に隠れて近づき、突然海岸に巨体を乗り上げ水しぶきとともに襲いかかる**というもの。7～9メートルもあるシャチの前では、2メートルのオタリアもまるで小さな模型のようだ。

冥界から来た魔物

いったん捕らえた獲物はすぐには食べず、**強い尾びれで獲物を跳ね上げてネコと同じように弄《もてあそ》ぶ**ことがある。この行動は、子どもに狩りを教えているという説もあるが、はっきりしたことはわかっていない。

泳ぎは得意で、イルカより速いスピードで泳ぐことができる。とても活発な動物で、海面でジャンプするブリーチングや、頭部を海面から出して辺りのようすをうかがうスパイホッピングなど、多彩な行動が観察される。

群れによって異なるが、獲物は魚やイカから、ペンギン、アザラシ、果てはサメやホッキョクグマまで実に多彩だ。自分より大きなクジラを襲うこともある。つまり、**人間以外にシャチの敵は存在しない**のだ。

スパイホッピングするシャチ

オタリアに襲いかかるようす。シャチ自身の体もほとんど水から出てしまう狩りのスタイルは熟練を要する

グンタイアリ

巨大集団がうごめく不気味度 ★★★

Army ant
Ecitoninae

アリの多くは、いくつもの小部屋に分かれた巨大な巣をもつ。しかしこの広い地球には、定住するための巣をもたずに、巨大集団で移動し続けるアリがいる。熱帯雨林にすむグンタイアリだ。

中南米の熱帯雨林には150種ほどのグンタイアリがいて、どれも隊列を組んで行進するが、なかでも大規模なのがバーチェルグンタイアリ。彼らは数十万匹ものおびただしい数で団結して行動し、単独行動は一切しない。幅15メートル、絨毯《じゅうたん》のように広がって進軍し、**道中現れた昆虫やサソリをすべて狩り尽くす獰猛なハンター**だ。行軍の進む方向からは、たくさんのゴキブリやサソリがとび出してくる。巨大集団にもなると、彼らが

進軍が阻まれた場合、自らの足を絡めて体を結びつけ、橋を架け群れを渡らせるバーチェルグンタイアリ（*Eciton burchellii*）

大きいあごでなかまを守る役割をもつ、バーチェルグンタイアリの兵隊アリ。ひときわ体が大きい

通り過ぎた後に動くものは何も残らない。

ほかのアリ社会同様、グンタイアリにも**厳格な身分制度**がある。それぞれの役割がきちんと決められているだけでなく、体の大きさまで違う。大きいものと小さいものでは倍以上体格に差がある。大型の兵隊アリは集団を外敵から守る役だ。ほかにも幼虫の世話をする、獲物を襲う、獲物を運ぶなどの役があり、**地面のへこみに体を押し込んで、隊列を進みやすくする**なんていう切ない役割もあったりする。

彼らは定住する巣はもたないが、自分たちの体をつなぎ合わせてビバーク（野営地）と呼ばれる巣のようなものをつくる。

数がものいう

オオカミ

群れの団結力 ★★★

Wolf
Canis lupus

ラテン語の「暁《あかつき》」には「オオカミとイヌの間の時間」という意味があるそうだ。オオカミは原始の暗闇を、イヌは文明以降の光の世界を意味するのだろうか。オオカミとイヌは非常に似ているが、決定的に違うものがある。警戒心だ。野生に生きるものは警戒心がとても強い。人間のそばでくらすイヌには希薄なものだ。

オオカミは、ひと組のつがいを中心としたパックと呼ばれる群れでくらす。何百キログラムもあるヘラジカや、カリブーなど大型の動物を群れでしとめる。

「オオカミは脚で獲物を捕る」。これは、オオカミが疲れを知らずに移動する能力が高いことを言った先人のことば。事実、**獲物が疲れ切るまで、とことん追いかける**のが彼らの狩りの方法だ。

一丸となって

オオカミの武器は、この**長距離追跡ができる強靭な体、獲物を引き裂く強いあご、それにチーム力**だ。

どこまでも追跡して追いつめた獲物に、素晴らしいチームプレーで次々に波状攻撃をかけ、ついには鋭い歯を相手の皮膚に突き立て倒してしまう。1頭では到底敵わない相手も、群れが一丸となって攻撃し、**自分たちよりも遥かに大きい獲物を狩り殺す**ことができる。

オオカミは人間を襲うことはほとんどないが、家畜を襲うことはある。それが原因で駆除された結果、絶滅した地域がある。ニホンオオカミも1905年を最後に目撃例がなく、絶滅したとみられている。

シンリンオオカミ（*Canis lupus lycaon*）。広い縄張りを維持するため、パトロールは怠らない

Totem Pole

強き者は守り神として

人間は強いものに憧れる。古くから、力の強い猛獣や生命力の強い動物、または巨大な植物や岩や滝などの自然物に、神秘的なものを感じ、加護を願う信仰の対象としてきた。信仰は、自然の力に驚愕《きょうがく》し畏怖《いふ》することから始まり、その思想は世界共通だ。

原始的な社会では、人間は裸同然。火を噴く山に荒れ狂う海、深く暗い森に、落雷や豪雨。それらの脅威に人間はなすすべもなく逃げ惑った。そして暗黒の森には、無防備なその肉を食らおうとする猛獣が潜んでいたのだ。人々はそれらの怒りを鎮めようとして、祈り敬《うやま》った。

こうした動物信仰は、現代でも世界各地に見られる。アイヌでは、シャチをレプンカムイ（沖の神）、ヒグマをキムンカムイ（山の神）といい、またインドやネパールに信者の多いヒンドゥー教に登場する神・ナーガは、蛇神である。ナーガは7つないし9つのコブラの頭をもった姿で描かれる。

また、自分たちの祖先が動物と交わって部族が生まれたと考え、その動物を信仰の対象にしている民族がいる。北米、オーストラリア、アフリカ、メラネシア、ポリネシア、インドなどさまざまな地域で見られる。有名なものに、北アメリカ北西海岸に暮らす狩猟民族がいる。

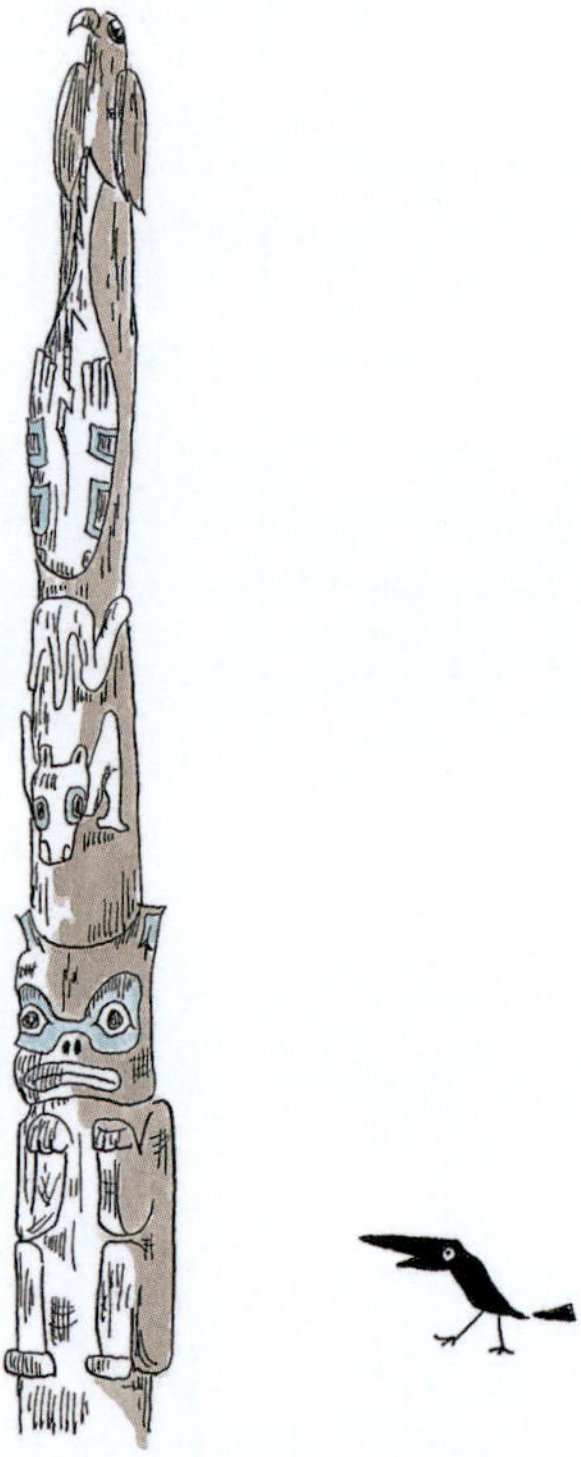

彼らは、祖先や崇拝の対象となる動物を彫った彫刻柱、トーテムポールを制作し、家や集会所、墓の前などに門柱のように立てる。動物や人の顔などの要素を積み重ねた形状で、黒や赤、ターコイズブルーなどに彩色される。

それぞれの氏族（クラン）を決まった動物が守護しており、クランによって、オオカミであったりクマであったりするのだ。それぞれの動物はその氏族の祖霊であり、その動物に氏族は守られる。

世界には、動物を神とする動物神話や創世神話が数多く存在する。その不思議な物語は、語り部の口伝えにより後世に受け継がれ、移動する人類により各地に伝えられ、少しずつ姿を変えながら広まっていった。

口承で受け継がれることが多いため、今では失われつつある物語もたくさんある。

東南アラスカ、シトカにあるトリンギット族のワタリガラス／サメのトーテムポール。写真は、ポール下部のクマ

写真提供

ネイチャー・プロダクション

飯島正広／ 44-45　伊藤勝敏／ 30　前田憲男／ 22　水口博也／ 71　矢野維幾／ 28-29　藤丸篤夫／ 48-49

Brandon Cole ／ 7　Matthijs Kuijpers ／ 47

AUSCAPE ／ 38,40

Minden Pictures ／ 5, 17, 19, 20, 24-25, 32-33, 43, 50, 51, 54, 56, 57, 60-61, 62-63, 66,67, 72-73, 75, 77

Nature Picture Library ／ 8-9, 10, 13, 26-27, 31, 36-37, 39, 59, 64-65, 72

Oxford Scientific ／ 1, 15, 34, 52, 53, 55, 65, 68-69, 70-71

岩合写真事務所

岩合光昭／ 12-13

おもな参考資料

『骨から見る生物の進化　Evolution』	ジャン−バティスト・ド・パナフィユー著／小畠郁生監訳（河出書房新社）
『猛毒動物最恐50』	今泉忠明著（ソフトバンク　クリエイティブ）
『世界動物神話』	篠田知和基（八坂書房）
『魚と貝の事典』	魚類文化研究会編／望月賢二監修（柏書房）
『海の危険生物ガイドブック』	山本典暎著（阪急コミュニケーションズ）
『世界動物大図鑑』	デイヴィッド・バーニー総編集／日高敏隆日本語版総監修（ネコ・パブリッシング）
『学研の大図鑑　危険・有毒生物』	小川賢一、篠永哲、野口玉雄監修（学習研究社）
『毒と薬』	群馬県立自然史博物館第20回企画展図録
『サメガイドブック　世界のサメ・エイ図鑑』	アンドレア・フェッラーリ、アントネッラ・フェッラーリ著 御船淳、山本毅訳／谷内透日本語版監修（阪急コミュニケーションズ）
『イソギンチャクガイドブック』	内田紘臣著／楚山勇写真（阪急コミュニケーションズ）
『ナショナル ジオグラフィック 日本版』	（日経ナショナル ジオグラフィック社）
『サメの自然史』	谷内透著（東京大学出版会）
『日本動物大百科』	日高敏隆監修（平凡社）
『南極の自然誌』	サンフォード・A・モス著／青柳昌宏訳（どうぶつ社）
『動物百科　猛毒動物の百科』	今泉忠明著（データハウス）
『大自然のふしぎ　動物の生態図鑑』	（学習研究社）
『動物たちの地球』	上野俊一ほか監修（朝日新聞社）
『新どうぶつ記』	朝日新聞日曜版「新どうぶつ記」取材班（朝日新聞社）
『動物大百科』	D.W.マクドナルドほか監修／今泉吉典ほか日本語版監修（平凡社）
『毒虫の話』	梅谷献二、安富和男著（北隆館）
『聖書』	（日本聖書協会）

写真索引

監修者紹介

千石　正一（せんごく　しょういち）

1949年東京都生まれ。東京農工大学農学部卒業。財団法人自然環境研究センター研究主幹。東京環境工科専門学校講師。専門は爬虫両棲類学。日本ではもっとも多種類の爬虫両棲類に接している。著書に『こっちみんなよ！』（2000）集英社、『千石先生の動物ウォッチング』（2003）岩波ジュニア新書、『いのちはみんなつながっている―西表生態学―』（2004）朝日文庫、『世界のネコの世界』（2005）海竜社など多数。出演した主な番組に『わくわく動物ランド』『どうぶつ奇想天外！』（共にTBSテレビ）がある。

構成・文　佐藤暁・三谷英生（ネイチャー・プロ編集室）
デザイン　鷹觜麻衣子
イラスト　Rei
製　版　石井龍雄（トッパングラフィックコミュニケーションズ）
編　集　福島広司・鈴木恵美・前田香織（幻冬舎）

世界で一番キケンな生きもの

2010年5月30日　第1刷発行

監修　千石正一
構成・文　ネイチャー・プロ編集室
発行者　見城　徹
発行所　株式会社　幻冬舎
〒151-0051　東京都渋谷区千駄ヶ谷4-9-7
電話　03-5411-6211（編集）　03-5411-6222（営業）
振替　00120-8-767643
印刷・製本所　凸版印刷株式会社

検印廃止

ISBN978-4-344-01828-0　C0072
Printed in Japan
幻冬舎ホームページアドレス
http://www.gentosha.co.jp/
この本に関するご意見・ご感想をメールでお寄せいただく場合は、comment@gentosha.co.jpまで。